Para el Capitán Oscar Ibarra y su esposa Hilse Dolores "Lola" quien me han brindado su cariño en forma mágica

Esperando que esta obra sea de mucha ayuda

Jacksonville Dec 25-2018

DE MI RIÑON APRENDÍ

Doris López C.

@juradopublishing

ISBN-13: 978-1718657359

ISBN-10: 1718657358

juradopublishing@yahoo.com

Doris A. López C.

Doctora en medicina con veinticinco años de ejercicio de la profesión.

Nefrólogo de adultos.

Director médico de la unidad de Hemodiálisis del Centro Nefrológico Carabobo, Venezuela.

Conferencista internacional.

Articulista.

Escritora.

A mi madre, Esperanza de Jesús,

quien siempre lleva un sol por dentro.

AGRADECIMIENTO

A los pacientes por su confianza, que estimula y premia los esfuerzos realizados durante todos estos años.

PRÓLOGO

En muchas ocasiones de nuestra vida nos llegan impulsos que nos estimulan a realizar acciones que en otras circunstancias no haríamos, pensamos en proyectos, sueños que vamos colocando en la lista de los pendientes por hacer, hasta que llega esa señal mágica, divina y te anima a salirte de tus esquemas rutinarios. Estamos en constantes cambios vitales que te van transformando tanto de forma como de fondo, es un viaje de auto descubrimiento permanente; de pronto llegan esos mensajes mágicos que te motivan a dar el salto cuántico en tu vida y me ha llevado a realizar esta obra.

A diario veo como llega el enfermo a buscar consuelo de su dolencia física pero también a conseguir respuestas del por qué enfermó, a veces hay más dolor en el alma que en lo físico. Los familiares que también acompañan y apoyan, están tan desconcertados como el paciente. Con frecuencia me digo que además de curar hay que enseñar a vivir mejor, dar el consuelo que a veces no siempre es lo que uno quiere, aprender a aceptar lo inevitable respetando la voluntad celestial y la del paciente, por eso me he motivado a escribir este libro, dirigido al público en general, especialmente a aquellas que tienen dolencias crónicas o problemas del riñón.

Está escrito en un lenguaje sencillo, fácil de asimilar, basado en las experiencias con los pacientes y su entorno, sus vivencias, alegrías y tristezas, tratando de aclarar dudas y ofreciendo información útil que le permitan al lector aprender a cuidarse para no enfermar, pero también a tener un mayor control de su afección, aquí hay recetas que le ayudarán a tener un mejor vivir, ¡aquí hay una esperanza!

CAPÍTULO I

DOCTORA NO SE QUE TENGO

Esa es una respuesta muy común cuando le pregunto a mis pacientes por qué acuden a la consulta , y es que la mayoría de las veces, la aparición de señales de que algo no funciona bien en nuestro cuerpo, pasan desapercibidas por la persona y esto puede ser un problema, ya que cuando buscan la ayuda, la enfermedad ha seguido su curso natural como es el caso en la alteración del funcionamiento del riñón, en donde los síntomas se presentan en una forma poco específica y cuando acuden con el especialista se encuentran con que las quejas de todos sus males es un problema renal.

Cuando nuestros riñones se enferman, dejan de realizar las funciones de eliminar los desechos y el exceso de agua en el cuerpo permitiendo cúmulos de toxinas y líquidos en nuestro organismo, apareciendo entonces la *Enfermedad Renal*. Existen muchas enfermedades que son propias del riñón, otras que tienen un componente hereditario y otro grupo de enfermedades que causan daño al riñón como lo son *Hipertensión Arterial, Diabetes Mellitus* (exceso de azúcar en la sangre) también existen algunos medicamentos que pueden dificultar el funcionamiento de los riñones.

Siempre interrogo al enfermo sobre cómo está su apetito y las respuestas son muy variadas: desde "muy voraz" hasta "casi no me da hambre" y es que las ganas de comer disminuyen cuando tenemos algún quebranto de salud bien sea por malestar general, decaimiento o cualquier otra afección que nos quite el deseo de comer, en el caso de una falla renal cuando la inapetencia por la comida aparece, la situación es más compleja porque denota que los productos tóxicos del organismo, principalmente *la urea,* se han acumulado en la sangre por un problema renal. Frecuentemente refieren un "sabor amargo en la boca" cuando esos valores están elevados, recuerdo aquella vez en que la esposa del señor ER, esperó sigilosamente que él fuera a la sala de examen y a escondidas me dijo:

- doctora ya no quiero que me bese, le sabe la boca a orina y sus besos son amargos, él piensa que ya no lo quiero...

Muchas veces por pena, no se comenta lo que nos aqueja y son las personas cercanas a nuestro entorno las que manifiestan lo raro que se ve el enfermo y es ahí cuando debemos encender las alarmas antes de que la situación genere más ansiedad y hasta errados pensamientos como los del señor ER. Una de las cosas que más preocupan a los seres humanos es cuando se pierde el apetito, usualmente se presenta en las personas de edad avanzada; a menudo no se encuentra una causa física, las emociones como la tristeza, la depresión o un desconsuelo, pueden llevar a la pérdida del apetito así como pérdida de peso, somos un todo: cuerpo y alma y a ambos hay que cuidar y estar atento ante cualquier cambio.

Siguiendo con el interrogatorio, pregunto cómo está la digestión: si hay náuseas o vómitos y con mucha frecuencia responden con la expresión "tengo una llenura a pesar de que casi no me alimento" esto traduce que hay una saciedad precoz que impide terminar una comida regular y es muy sugestivo de lo que se llama *gastritis urémica*, también pueden tener eructos o gases por la boca que puede ser de olor muy fuerte y por esto acude al médico gastroenterólogo quien finalmente termina enviando el paciente a la consulta de nefrología.

¿Y cómo está orinando? ¿Le arde o le duele para orinar? ¿Hace espuma cuando cae en la poceta? Aquí las respuestas son variadas: desde "no orino casi, el chorro es poco, me paro muchas veces a orinar de noche o, es caliente" hasta "es de color oscuro, huele a amoníaco, parece espuma de jabón". La diversidad de síntomas es tan amplia y a veces tan florida que el diagnóstico se hace casi de inmediato: si es mujer joven y le arde al orinar puede tratarse de una *cistitis de luna de miel,* si hay sangre en la orina tal vez tenga *cálculos renales, infección o tumor en el riñón*, si hay espuma significa que está perdiendo proteínas por la orina y puede ser la expresión de un problema renal propiamente dicho, es decir, la expresión de otra enfermedad.

Decía un profesor muy querido y admirado que el "examen simple de orina es la biopsia del riñón" ya que aporta mucha información sobre lo que sucede internamente, no solo del riñón, sino también de otros órganos y ayudan al médico a orientar lo que aqueja a la persona. Por eso es tan importante fijarse en cómo es nuestra orina: que color tiene, cuál es su aspecto, cómo huele, sabiendo esto, conoceremos cuando algo no está funcionando adecuadamente.

Última pregunta: ¿el sueño cómo está? La persona puede tener insomnio o al contrario, somnolencia, causado por valores de urea alta, que a su vez producen irritabilidad y dificultad para pensar claramente.

Una vez, una hija angustiada, llevó a su padre a la emergencia de la clínica porque creía que su papá se había emborrachado, cuando llegué al cubículo, las caras de indignación de los familiares era tal, que el pobre paciente estaba aterrado, cuando me vio, me juró que él era inocente de aquellas acusaciones que le incriminaba su hija. Muchas veces la intoxicación por la urea llega a niveles tan altos que se presenta un estado de confusión mental parecido a la que producen las bebidas alcohólicas.

Ya ven que observando y preguntando se obtiene un caudal de información que permiten saber si algo no está funcionando adecuadamente, mirar hacia dentro de nosotros mismos, mirar nuestros fluidos corporales, conocer como son, tener la habilidad de percibir que cuando nuestros hábitos fisiológicos cambian, es porque algo nos está ocurriendo, nuestro cuerpo es muy sabio y muchas veces nos envía señales que debemos atender.

CAPÍTULO II

HONESTIDAD

Puedes engañarte a ti mismo, puedes engañar a los demás, engañar al hambre con cualquier golosina, puedes serle infiel hasta a tu propio corazón al dormir con una persona y estar pensando en otra pero a quien no puedes mentirle es al riñón! Él sabe todo lo que haces: lo que comes, lo que bebes, lo que eliminas y lo que dejas dentro de ti, es un fiel y callado compañero que te acompaña siempre en la aventura que es la vida.

Saber que tus riñones no están funcionando tan bien como debería, puede ser estremecedor, y en la mayoría de los casos el pensamiento que viene a la mente del enfermo es "esto no me puede estar pasando a mi" y comienza la cascada de mentiras en tu vida, negando lo que ya tiene tiempo ocurriendo y no se acepta.

Julio Chacón en su libro "El obstáculo de la realidad" expresa que *conviene desde el primer momento auto reconocerse, verse al espejo y conciliarse con aquel reflejado ante usted,* aceptar la condición de enfermedad y aprender a convivir con ella, es un gran paso para mejorar su calidad de vida.

Recuerdo aquella noche fría de navidad donde fui invitada a dar una opinión profesional de un amable y gentil señor, cuya enfermedad es una de las que más causan daño renal: Diabetes Mellitus; él, un brillante profesional, dueño de una casa llena de detalles lujosos, con una esposa atenta y un par de hijos adolescentes que con respeto y cariño nos saludaron al llegar. Las atenciones no se hicieron esperar: bebidas y finos canapés puestos en singular armonía, mientras, yo observaba como el señor ER no dejaba de dar vueltas tratando de retardar la conversación que luego se tornó en una clase magistral de 45 minutos y en la cual le explicaba acerca de cómo el exceso de azúcar afecta al riñón, muchas veces de manera irreversible. Las expresiones faciales y los micro gestos de los ahí presentes, delataron la indisciplina de la vil enfermedad pero sobre todo la falta de honestidad para aceptar lo que tienes y que te hace daño. Hoy en día, para ER nada ha cambiado y no le auguro un futuro placentero.

Como muchas cosas en la vida, estar en el otro extremo es también irracional, creer que todo lo que está a tu alrededor te va a enfermar es también una expresión de falta de sinceridad y coherencia consigo mismo. Nos encontramos a veces con personas que son hipocondríacas, que se someten constantemente a un auto examen que puede llegar a lo obsesivo, convirtiéndose en un ser miedoso y afectando a su entorno, se dejan influenciar por opiniones y comentarios de fuentes poco confiables.

Hoy en día los profesionales de la salud, tenemos un competidor que no genera honorarios y está disponible las 24 horas del día cada vez que le consultan y se llama Doctor "Internet". Es impresionante como llegan los pacientes y sus acompañantes al consultorio, llenos de referencias, citas y hasta artículos bajados de la red, relacionados a su enfermedad. Un exceso de información puede producir el efecto contrario al deseado: puede confundir y alterar. Me sucedió con la paciente MCG, en control por haber presentado *proteinuria* como consecuencia de una enfermedad inmunológica, gracias a su férrea disciplina y compulsivos chequeos, logró superar ese escollo, dada de alta, insistía en venir a evaluarse periódicamente. Un día se presentó con que a ella le parecía que pudiera tener un cuadro clínico infrecuente relacionado a su enfermedad porque había leído en internet, la miré fijamente a los ojos y respondí que no todo lo que se dice o se lee sobre las enfermedades son verdades absolutas, le escribí en un récipe: leer el libro "Pensar bien, sentirse bien" de Walter Riso, hasta nueva orden médica, creo que me entendió.

Debemos actuar en forma honesta, apegados a la lógica y equilibrio físico y mental para así lograr la confianza de que tenemos la actitud correcta con nuestro cuerpo. ¿sabía usted que de toda la energía vital que ingresa al ser humano, es el riñón el encargado de almacenarla o distribuirla según las necesidades? Por eso hay que invertir todo el vigor en acciones positivas que mantenga nuestra salud en perfecta armonía. ¡Intente ser optimista! es una buena opción frente a la adversidad, exprese sus sentimientos, sea valiente y decida actuar a su favor, a pesar del temor que pueda sentir.

Hay que recordar que la enfermedad renal no se produce de un día para otro, es un proceso que se va originando y apareciendo lentamente, va pasando por distintas etapas y muchas veces la persona no presenta ningún síntoma que lo alerte y lo motive a consultar con el médico, pero si la detecta y la trata adecuadamente tanto física como emocionalmente con frecuencia puede detenerse o retrasarse.

CAPÍTULO III

LOS 7 PECADOS CAPITALES

"Todo el que no quiere ver sus pecados, se los echa a la espalda, y los pecados ajenos los pone muy a la vista; no por diligencia, sino por envidia; no para remediarlos, sino para acusarlos; pero de sí mismo se olvida."

San Agustín

Los riñones son dos órganos que se encargan de limpiar la sangre de desechos y exceso de agua, son una extraordinaria y perfecta maquinaria de limpieza de nuestro cuerpo, trabajan las 24 horas del día sin descanso, ofrecen un sinfín de beneficios a muy bajo costo, si: con tan solo cumplir ese antiguo consejo de tomar 8 a 10 vasos de agua al día, nos garantiza un perfecto funcionamiento.

Es nuestra responsabilidad mantenerlos sanos, cuidarlos, pero ¿cómo saber que usted lo está haciendo bien? ¿Qué errores se comenten con frecuencia y arremeten contra su salud? Pues, aquí están los 7 pecados capitales que atentan contra el riñón:

1.- Beber poca agua: está demostrado que beber un promedio de 2 litros de agua al día mantiene funcionando adecuadamente al riñón e hidratado al cuerpo, caso contrario no serán capaces de eliminar las toxinas las cuales se irán acumulando, causando mucho daño y que originara a largo plazo, entre otra cosas, un problema renal como por ejemplo infección urinaria en la mujer.

Con frecuencia escucho decir a los pacientes, respuestas tan inverosímiles como estas: "es que no me gusta el agua, no me da sed, no me acuerdo de tomar agua" las personas creen que el hecho de beber café, jugos o sopas, es suficiente para suplir la función del agua pero ¡NO ES ASI! Esos tipos de líquidos no sustituyen los requerimientos de agua diarios.

Cuando de jóvenes se trata y no tan jóvenes también, cambian el agua por las gaseosas, principalmente las de color oscuro, las cuales pueden llevan a un incremento de la reabsorción de sal a nivel renal y traer consecuencias como la predisposición a padecer presión arterial alta, azúcar en la sangre, obesidad, cálculos renales; con frecuencia recrimino a mis colegas y amigas cardiólogos lo dañino que es tomar "refrescos"; otras bebidas como las energizantes son también las preferidas por aquellos que luego de ejercitarse intensamente, se hidratan con ellas y no siempre son las más beneficiosas.

Si usted es de lo que no les gusta el agua, les doy este consejo: una manera de hacerla agradable a su paladar es agregarle una rodaja de limón, el cual le dará un gustoso sabor y su riñón se lo agradecerá.

2.- Aguantar las ganar de orinar: se lee un poco ordinario pero no hay forma más explícita que esta, para decir con contundencia que este mal hábito es el preferido del sexo femenino, desde que se comienza la vida escolar, pasando por el bachillerato y cuando llegan a la universidad ya son todas unas expertas en eso de reprimir el deseo de la micción. Recuerdo a la Sra. CMJ, una brillante profesional del derecho, cuando acudió a mi consulta con un largo historial de infecciones urinarias recurrentes, así como con varias visitas al urólogo sin poder solventar su problema de infección, todo un prontuario de antecedentes nefro urológicos que hacían del caso un reto; hicimos todo el protocolo de rigor y no se lograba controlar la afección, hasta que en una consulta la precisé cual abogado inquisidor y confesó que no orinaba en los baños del tribunal donde trabajaba todo el día, he allí la causa del fracaso del tratamiento, sin embargo, la solución no se hizo esperar: entre todas sus colegas se organizaron y acondicionaron un baño digno y todas fueron felices.

Hay que tener mucho cuidado con esta costumbre, ya que a largo plazo puede traer consecuencias graves como por ejemplo, agrandamiento de la vejiga: cuando nos dan ganas de orinar, se activan unos receptores que envían señales al cerebro que indican que hay que ir al baño, al reprimirse esta señal, intentando olvidarla, continuando comiendo y bebiendo como si nada, produciendo más orina y llenándose aún más, ensanchándola y causando diversos daños. Otra consecuencia de esa mala práctica es la aparición de cálculos renales, los cuales se forman por unas sustancias que se encuentran en la orina llamadas cristales, que se originan con facilidad al no beber suficiente agua y contener las ganas de orinar. También puede aparecer una complicación como lo es el *reflujo vesico ureteral* que aparece cuando, en lugar de que la orina salga al exterior, se devuelve hacia el riñón causando dolor e infección.

¡Hay cosas en la vida que no deben hacerse esperar!

3.- Ingesta de sal: el sodio es un elemento de la sal y se encuentra en muchos alimentos enlatados, procesados, en las famosas comidas rápidas (hamburguesas, pizzas, salchichas acompañados de salsas) también en algunos condimentos y especias, algunas bebidas traen una carga de sodio y así una larga lista de productos que contienen un importante nivel de sodio, adicionalmente hay muchos comensales que le colocan más sal a la comida, cuando veo eso les confieso que no puedo disimular mi cara de asombro y entiendo entonces, por qué cada vez es más frecuente encontrar personas jóvenes de ambos sexos, con problemas cardiovasculares y renales, obesidad, etc. Está demostrado que el exceso de sal pone a trabajar los riñones arduamente para poder eliminarla, al no poder hacerlo, comienza a retener líquidos, aumenta la presión arterial perjudicando a múltiples órganos: corazón, riñón, cerebro. Aquí se cumple aquello de que "menos es más": menos sal, más salud.

4.- Abuso de analgésicos: "tengo un dolor que me está matando, es peor el remedio que la enfermedad" expresiones coloquiales que encierran el sentir de la persona cuando padece dolores que son de fuerte intensidad y es que el paciente en su desesperación y asesorados por los "pseudo médicos de la familia" ingieren gran cantidad y variedad de analgésicos que pueden causar otras complicaciones, y es esta, una práctica muy común, la automedicación, de los analgésicos; hay personas que por cualquier dolor, ingieren analgésicos y anti inflamatorios a dosis inadecuadas y por tiempo indefinido que luego causan daño a largo plazo. Con frecuencia atiendo pacientes que vienen con una falla renal producto del uso masivo de estos, por ello lo mejor es consultar al especialista para una adecuada prescripción. En el caso de las personas que padecen de dolor crónico como por ejemplo en la Artritis, la toma de analgésicos debe ser estrictamente bajo supervisión médica para saber cuál es el que más le conviene. Se debe realizar una vigilancia con pruebas de función renal (urea y creatinina) periódicamente, procure ingerir más agua de lo que habitualmente consume.

5.- Exceso de bebidas alcohólicas: ¿no han notado que

cuando consumen alcohol, aumentan las ganar de ir al baño? Esto es porque se desactiva una hormona que se llama *hormona antidiurética o vasopresina,* la cual cumple la función de controlar la cantidad adecuada de agua que debe eliminarse, así cuando nos "pasamos de tragos" los riñones también se relajan y no hacen su trabajo y ahí empieza la falla: en vez de eliminar solo lo necesario, dejan pasar toda el agua a la vejiga, no manteniendo el equilibrio de los minerales y los líquidos del cuerpo e impidiendo su capacidad de filtrado produciendo deshidratación o la llamada "resaca". Está demostrado que el abuso de alcohol puede afectar a muchos órganos del cuerpo, entre ellos al riñón, una persona puede abusar del alcohol sin ser un alcohólico, beber en exceso es perjudicial en todos los sentidos.

6.- Malos hábitos alimentarios: le invito a sacar esta cuenta: exceso de sal y azucares, refrescos en vez de agua, elevado consumo de carnes rojas y grasas, ingesta exagerada de productos lácteos y la última moda: alimentos transgénicos: productos que contienen ingredientes modificados genéticamente que pueden dañar el hígado y el riñón.

¿Ya imagina cuál es el resultado de esta suma? cualquier tipo de problemas: desde obesidad hasta disfunción eréctil, desde envejecimiento prematuro hasta enfermedades cardiovasculares, escribió Ludwig Feuerbach, filósofo y antropólogo alemán, en "Enseñanza de la alimentación" (Lehre der Nahrungsmittel: Für das Volk) en 1850, la famosa frase "somos lo que comemos", una cosa es comer y otra bien distinta es alimentarse adecuadamente, este pecado capital hace que la persona se sienta falto de energías, mal humor, malestar corporal, bastará realizar unos exámenes de laboratorio para saber que hay falta de vitaminas y minerales como consecuencia de no ingerir verduras y frutas, esto es lo que se llama malnutrición.

De igual manera, hábitos como el omitir una comida, principalmente el desayuno hará que no tengas la energía suficiente para empezar el día y a la hora del almuerzo devorarás todo lo que este en el plato y más, picotear entre comidas que por lo general son "snacks" pocos saludables, hará que aumente de peso, comer antes de acostarse hará que se tenga una mala noche por tener digestión lenta ya que los alimentos se hacen difícil de digerir; comer muy rápido hace que el cerebro no reconozca la señal de que se está satisfecho. Siempre le digo a mi socio de vida, que hay que comer despacio, la hora de comer es una liturgia sagrada para disfrutarla plenamente.

Como ven, la alimentación está muy vinculada a la salud y especialmente con la calidad de vida, coma rico y ¡viva mejor!

7.- Presión Arterial elevada: se denomina *Hipertensión Arterial Sistémica,* mejor conocida como el asesino silencioso, es una de las enfermedades que más daño causa al riñón, actúa de forma sigilosa, sin que la persona se dé cuenta de que lo está socavando internamente, va trepando por diferentes órganos: corazón, cerebro; hasta que da el zarpazo en forma de infarto agudo al miocardio, accidente cerebro vascular o falla renal, a veces con desenlaces fatales. Los riñones son los que ayudan a controlar la presión arterial a través de un sistema compuesto por hormonas y otras sustancias, es por ello que a veces el riñón no es la víctima, si no el victimario: existen enfermedades renales que causan hipertensión arterial y en consecuencia también afecta a los otros órganos mencionados.

Muchos de los puntos aquí señalados, son causantes de que se origine el aumento de las cifras de presión arterial: exceso de sal, malos hábitos alimentarios, abuso de analgésicos, por lo que esta falta puede ser considerada como el pecado final de un estilo de vida inadecuado.

Acto de Constricción:

Para que los riñones estén contentos con nosotros y nosotros estemos en armonía con ellos, debemos pedirle perdón de inmediato, si, por desgracia, hemos pecado, hagamos el sacramento de la confesión y empezar de nuevo con el propósito de enmienda de no volver a pecar con su riñón.

CAPÍTULO IV

CAMBIARON TANTAS COSAS...

Ciertas situaciones en nuestra vida, llegan tan inesperadamente, vienen en contra de tantos proyectos que habíamos planificado, interrumpiendo nuestras metas, nuestros sueños y con el agravante de que algunas veces llegan para quedarse para siempre, dejándonos ¡sin salida!

Creemos que los problemas, dolores y padecimientos de salud solo les ocurren a otras personas, ¿cierto? Cuando se presenta un desajuste en nuestra acomodada rutina diaria, como por ejemplo una enfermedad que viene para quedarse, exigiendo tratamiento permanente; despierta sentimientos tales como rabia, confusión, tristeza, y, ¡cómo duele! Ese dolor viene del fondo del corazón y la pregunta que llega en ese momento en que la persona recibe el diagnóstico de una enfermedad crónica casi siempre es: ¿por qué a mí?

Se pide encontrar un por qué, una explicación a lo que ha pasado: la enfermedad es consecuencia de la combinación de múltiples factores. Enfrentarse a un diagnóstico de enfermedad renal crónica es una experiencia compleja y muy estresante, se combinan un gran número de circunstancias que generan duda, angustia y tensión.

Tenemos que afrontar los cambios y por más que estemos enojados por vernos obligados a adaptarnos, debemos recordar que los cambios forman parte de la existencia de **todas** las personas, a veces son buenos y a veces, no tan buenos, pero, todo siempre cambia. La vida a veces nos trae algunas desilusiones pero también trae muchos momentos encantadores por los que vale la pena vivir buscando esos momentos, dijo Aristóteles: "la felicidad está relacionada con el equilibrio y la armonía, y se consigue mediante acciones encaminadas a la autorrealización". Igual que en las situaciones más apremiantes, la salida es buscar siempre, sin renunciar, ilo que es mejor para usted! Lo mejor que usted puede hacer es no malgastar sus energías en encontrar por qué le ha pasado, sino buscar cómo cuidarse.

Establezca estrategias que le permitan facilitar la aceptación a la enfermedad y principalmente la oportunidad de recibir ayuda; comparta con su familia, pareja, amigos, sus sentimientos tanto de felicidad, esperanza como de pena, miedo, tribulación. Apóyese en ellos para tomar decisiones, aunque sea usted quien finalmente decidirá sobre el problema, compartir con ellos puede ayudar en este proceso; se aligera la carga cuando es compartida, consulte al especialista en cuestión, también buscar apoyo en alguien que tenga la misma condición que usted ayuda al entendimiento de lo que le está ocurriendo, ayudándole también a aclarar dudas a sus seres queridos.

Busque ayuda, no espere que descubran sus necesidades, puede que lo que su entorno piense, no sea lo que usted requiera. Deje que la comunicación fluya: usted es la persona más indicada para exponer lo que verdaderamente le puede ser útil, puede expresarse a través de palabras o imágenes cómo se siente y que es lo que desea; recuerde que en las situaciones más complejas, la salida es buscar siempre con ahínco, lo que mejor le conviene. Tenga siempre presente que nuestras circunstancias NO nos definen sino que nos demuestra lo que somos capaces de hacer para afrontarlas: desde ahí, nuestro crecimiento nos conducirá a avanzar, capitalizando sabiduría y madurez para asumir la actitud correcta y así, al existir la oportunidad de vivir mejor, realizar nuestros proyectos y continuar prosperando, entendemos que se puede ***tener una buena vida con cualquier enfermedad crónica*** (hipertensión arterial, diabetes mellitus, enfermedad renal, etc.). Puedes hacer cosas que disfrutas, puedes pasar tiempo con tus seres queridos, puedes trabajar y viajar. Incluso si un día sus riñones fallaran, su vida puede continuar con tratamiento. Las personas que tienen enfermedad renal crónica dicen que mantener una actitud positiva es una de las claves para vivir con calidad, ¡la actitud lo es todo!

CAPÍTULO V

¿POR QUE A MI?

Dicotomías de la consulta:

- Llegó el momento de decidir Sra. EB, ya el tratamiento con pastillas no está cumpliendo su función, te estás llenando de toxinas y líquidos y si no actuamos de otra manera, algo peor puede ocurrirle.

- Pero doctora yo he cumplido con el tratamiento y la dieta. He hecho todo lo que me ha indicado, pero ¿por qué a mí?

-Se lo vengo diciendo desde la consulta anterior Sra. EB: hay que ingresar al programa de *diálisis,* ya lo hemos discutido y esto es lo mejor para usted, podrá continuar con sus talleres de orfebrería, se sentirá mucho mejor de lo que se siente ahora, notará la diferencia.

El llanto de ella y de sus hijos inundó el ambiente del consultorio que parecía una funeraria. Se hizo la referencia para hacer los trámites de ingreso al programa y la cité un mes después:

- Buenos días Sra. EB, ¿Cómo esta, cómo se siente?

-Doctora ¡estoy de maravilla! La diálisis me ha mejorado muchísimo, me siento mejor, ya tengo apetito, estoy durmiendo mejor y me siento con energías, ¡gracias, gracias, gracias! (abrazos mutuos)

La diálisis puede ser una solución para aquellos que están enfermos con insuficiencia renal a corto plazo o para las personas con pérdida permanente de la función renal. Se trata de un tratamiento que limpia y purifica la sangre de las toxinas acumuladas y a su vez elimina el líquido acumulado en el cuerpo.

Existen dos modalidades de este tratamiento: la *hemodiálisis* que es la que se hace a través de una máquina llamada riñón artificial y que se conecta por medio de un *acceso vascular* que puede ser un catéter temporal o una *fistula arterio venosa,* esta modalidad se realiza en un centro especializado con una duración de 3 a 4 horas cada sesión, tres veces a la semana. La otra modalidad se llama *diálisis peritoneal* y consiste en colocar un catéter en la cavidad abdominal del cuerpo, por donde se introducirá una solución estéril que utilizará el recubrimiento del abdomen (*peritoneo*) como un filtro para eliminar los desechos de la sangre, este recambio se hace 4 veces al día como promedio; muchos pacientes optan por este tratamiento porque se realiza en la habitación de su hogar.

Toma tiempo entender, cómo es la diálisis y adaptarse a la idea de recibir este tratamiento. Si bien la diálisis no cura la falla de los riñones, permite que se sienta mejor y viva más tiempo, es lógico sentir miedo cuando se informa que hay que realizar la terapia, ese mismo miedo impide entender y aprender de que se trata, pero cuando lo aceptan, el paciente es el primero en sorprenderse al descubrir, al percibir, lo bien que se sienten con el tratamiento como fue el caso de la Sra. EB.

En el manejo de un paciente con cualquier tipo de enfermedad de evolución crónica, además del tratamiento médico y/o quirúrgico, hay que considerar los aspectos psicológicos del enfermo ya que ayudan a comprenderlo y a tomar la mejor decisión en conjunto con su grupo familiar. Existen situaciones médicas en la que el paciente se encuentra en etapa irreversible pero no terminal y se le somete a tratamientos para la corrección de aspectos puntuales de su enfermedad perdiendo el horizonte de su estado, su calidad de vida y de su padecimiento, olvidando lo que verdaderamente el paciente, como ser pensante que es, desea para sí mismo, es un derecho del enfermo decidir aceptar o no recibir tratamiento de este tipo.

Ocurrió en la sala de emergencia, el señor LM fue llevado por su única hija por presentar signos de sobrecarga de líquidos y descompensación metabólica, él ya tenía los diagnósticos de hipertensión arterial, enfermedad cardiovascular, enfermedad renal crónica con criterios de ingreso al programa de diálisis crónica pero siempre se opuso a recibir el tratamiento, su hija en medio de la desesperación, autoriza realizar "todo lo humanamente posible" y eso incluía realizar diálisis de emergencia, el señor LM me tomó de las manos y llorando exclamó:

-doctora no quiero que me hagan eso, ¡tengo mucho miedo!

Su deseo fue cumplido, fue evaluado igualmente por el cardiólogo quien determinó que su función cardíaca también estaba muy comprometida y que realizar la terapia era de muy alto riesgo para el paciente, difícil decisión esta. Recordé una de los máximas en medicina: "*primum non nocere*" (en primer lugar no hacer daño), es nuestra responsabilidad como médico, respetar la autonomía del paciente, por otro lado, no todos los pacientes que presentan afectación renal crónica son candidatos de este tipo de modalidad terapéutica. En este punto, es necesario hacer mención al principio bioético de autonomía junto al consentimiento informado a la hora de hablar de la elección de un tratamiento que condicionará la vida futura del paciente, de esta forma, también sería posible rehusar o suspender la terapia ofrecida, proporcionando en su lugar tratamientos conservadores destinados al control de síntomas. En el caso del Sr. LM se ofreció la opción de diálisis peritoneal explicándole lo necesario para desaparecer sus temores y aclararle las dudas, sin embargo tampoco aceptó, egresó en estables condiciones y nunca más supe de él.

Hay que admitir que la población en general desconoce lo que es la enfermedad renal, sus consecuencias y menos aún de que se trata la diálisis: es una alternativa de tratamiento para mejorar al paciente con enfermedad renal crónica, aumentando su expectativa de vida; con la debida y adecuada información que se suministre al enfermo y su entorno, así como también el deseo y expresión del paciente es vital para tomar la mejor decisión; el objetivo siempre será el bienestar del paciente y en donde los protagonistas somos todos: paciente, médico y familia.

Si podemos servirnos de nuestros problemas y enfermedades como de oportunidades para pensar, cómo podemos cambiar nuestra vida, tendremos el poder de redimensionarla.

CAPÍTULO VI

EN LAS BUENAS Y EN LAS MALAS

El significado de la palabra amistad, según el diccionario de la Real Academia Española dice textualmente: "afecto personal, puro y desinteresado, compartido con otra persona, que nace y se fortalece con el trato, afinidad, conexión entre cosas".

Cuando extrapolamos este concepto a la relación que existe en el riñón y el corazón, encaja perfectamente: estos 2 órganos llevan una relación de compañerismo, lealtad, apego, conservando cada uno su individualidad pero cumpliendo sus funciones acopladamente. Cuando este equilibrio se rompe, llegan los problemas: un riñón enfermo puede implicar un corazón enfermo y viceversa: los pacientes con enfermedad cardiovascular poseen más posibilidad de padecer una falla renal, este vínculo de enfermedad de uno con el otro es lo que se denomina *Síndrome Cardiorrenal,* no importa quien se afecte primero, en general se verán afectados los dos.

Como en toda relación, cuando una de las partes se enferma, por ejemplo, en el caso de *insuficiencia cardiaca,* comienza a disminuir el flujo de sangre hacia el riñón, sin embargo se mantiene trabajando forzadamente para que la persona se mantenga estable desde el punto de vista cardiovascular, por ello aconsejo que es muy importante evaluar la función del riñón cuando se presenta esta o cualquier tipo de enfermedad.

Cuando publiqué mi libro "*Síndrome cardiorrenal una relación de amor y odio*", mi amiga HPV, de quien tuve el placer de atender a su amantísimo padre, el cual enfermó de lo que aquí se comenta, me escribió esta opinión:

"Para los que estamos en Venezuela es vital este libro, más, yo tuve la suerte de tenerte en la etapa final de mi papá, pero se hubiesen podido evitar muchas cosas desde antes si yo hubiese tenido, en forma de cultura general, una publicación como esta. Los ciudadanos de a pie, no están acostumbrados a relacionar el corazón con el riñón, no es un pensamiento natural, por eso tanta gente con problemas del corazón termina padeciendo y falleciendo por causas renales"

Lo que motiva a escribir este libro, entre otras cosas, es enseñar al público en general, que se pueden prevenir las enfermedades y sus complicaciones, especialmente sobre las cardio renales la cual posee una alta incidencia en los pacientes. Preguntas como estas son muy frecuentes en mi consulta: "¿doctora, a mi papá le diagnosticaron una cardiopatía y hay que hacer un cateterismo pero tiene problemas con su riñón, que se puede hacer?" Este dilema acompaña muchas veces a la duda de tomar la mejor decisión, sin embargo lo primero es consultar con el nefrólogo, es cierto que las sustancias de contraste utilizadas en estos procedimientos pueden perjudicar aún más el funcionamiento renal pero de no realizarse el mismo y persistir con la cardiopatía, la falla renal seguirá deteriorándose, por lo que hay que indicar medidas de nefroprotección que serán dadas por el nefrólogo y el cardiólogo.

Trabajar en equipo: paciente, familiares y médicos, siempre dará resultados beneficiosos, la comunicación es vital: el enfermo debe expresar lo que siente, no omitir ningún detalle por trivial que parezca; la familia y el acompañamiento son muy importantes para apoyarlos. Medidas tan fáciles como comer la misma dieta, incentivar a mejorar los hábitos que puedan influir positivamente, estimular el ejercicio en la medida de lo posible; la disciplina con el tratamiento médico en conjunto con el chequeo periódico con los especialistas, es fundamental para el adecuado control de este par de amigos, hacer prevención debe ser el norte hacia una calidad de vida cardiorrenal saludable.

CAPÍTULO VII

FRANQUEZA CRUEL

Anteriormente este era un tema prohibido, socialmente no era correcto hablar de eso y menos en público, era el secreto que no se podía comentar. Afortunadamente las cosas han cambiado para bien y hoy en día es un derecho por el cual se busca solución en pareja, me refiero a la disfunción eréctil.

La sexualidad no solamente se refiere al acto sexual en sí, también incluye tocarse, abrazarse o besarse, incluye como se siente usted sobre sí mismo, la voluntad y el deseo que tenga para estar cerca de la persona amada, es importante destacar que los pacientes con enfermedad renal pueden tener una relación de pareja saludable, estar íntimamente con su pareja es algo que todo el mundo necesita, también es cierto que hay muchos factores que pueden perjudicar su sexualidad si se tiene enfermedad renal, hipertensión arterial, diabetes mellitus; bien sea por desequilibrio hormonal, ansiedad, efectos por medicamentos, pero esto no significa que siempre deba ser así: tanto usted como su médico pueden hacer cambiar esa situación.

En el inicio de su enfermedad, su interés por el sexo puede disminuir, se necesita una gran cantidad de energía para aceptar los cambios físicos y emocionales que provocan su afección, con el tiempo, el deseo puede volver a la normalidad una vez controlada la causa que lo genera: control de la presión arterial, control de sus valores en sangre: por ejemplo la *anemia* afecta la producción de neurotransmisores y hormonas que intervienen en la vida sexual por lo que es importante corregir este cuadro, disminuir los valores de azúcar en sangre si hay diabetes mellitus; también es primordial recordar que alteraciones como la depresión, estrés, ansiedad y miedo pueden alterar el funcionamiento sexual por lo que es conveniente buscar la ayuda correspondiente.

Según la medicina china, el soporte de la libido se encuentra en el agua del riñón: él transforma las energías, estimulado por la emoción, excitación y después, el agua del cuerpo procesada por el riñón, facilita que el hombre tenga toda la carga energética necesaria para el interés sexual, la potencia, la fuerza física, la emotividad acorde con el sentimiento, y a su vez en armonía con la respuesta de nuestra sexualidad, incluso refiere esta doctrina que es el encargado de permitir la capacidad de entrega a su pareja, ya que sin una respuesta sexual en consonancia, sin la energía del riñón, solo nos abocaríamos a dar una respuesta o una erección que no lo deje avergonzado con su pareja, lo cual trae más tensión y menos energía para el riñón, ya que este requiere de la relajación del cuerpo para poder funcionar de manera acorde a la situación. ¡Interesante teoría!

Sucedió ya casi terminando la consulta del paciente AS, su esposa lo acompañaba, los 2 se miraron entre sí y la pregunta no se hizo esperar:

- ¿La relación sexual es segura para mi esposa?

- ¿a qué se refiere Sr S?

- ¿Que si ella no se contamina?

El paciente y su pareja no habían vuelto a tener encuentros

íntimos en los últimos 3 meses luego de habérsele diagnosticado enfermedad renal crónica a él. A muchos pacientes y sus consortes les inquieta que por medio de la actividad sexual se "contaminen" si es el caso de que tenga las toxinas en sangre elevada, esto no es así: únicamente las llamadas enfermedades de trasmisión sexual: *sífilis, herpes genital, virus de papiloma humano, gonorrea, VIH/SIDA,* son las que se transmiten por esta vía; en el caso de otras patologías como las aquí mencionadas (hipertensión arterial, diabetes, enfermedad renal) siempre y cuando no haya riesgo y su médico lo autorice, no está contraindicado la actividad sexual, al contrario, ayuda al paciente a elevar su autoestima.

Fue en los pasillos de la sala de hospitalización de la clínica, cuando la joven señora se me acercó, con expresión de angustia y ahogada en llanto y me dijo que "tenía mucho miedo que el amor de su vida muriera en plena relación sexual" el paciente, algo mayor que su esposa, había presentado un problema cardiovascular acompañado de falla renal aguda el cual fue solventado afortunadamente pero había manifestado su temor a estar con ella nuevamente; ambos recibieron orientación al respecto, se aclararon dudas y se les recomendó:

- explore sus 5 sentidos, todos ellos intensifican el placer en la intimidad.

- propicie encuentros que permitan tener contacto íntimo de alguna manera: desde tomarse de las manos hasta dormir abrazados.

- piense en el sexo, imagine sus propias fantasías.

- busque mejorar su estado de ánimo con la música, lectura, etc.

- sea creativo y activo, tome la iniciativa.

Queda demostrado entonces, que tener sexo mejora la calidad de vida, lo mantiene activo sin importar la edad, siempre les digo a mis pacientes: usted puede tener una enfermedad pero no sentirse enfermo.

CAPÍTULO VIII

REGALO DIVINO

Mi primer encuentro con el programa de trasplante renal fue con lo que se denomina *"la procura de órganos"*. Era tarde en la noche y el coordinador del programa me llamó por teléfono para informar que había un potencial donante en la emergencia del principal hospital de la ciudad, me pregunta si quería participar en la procura y sin dudarlo dije que ¡sí! Recién me estaba incorporando al programa regional de trasplante como nefrólogo de adultos y esa era una buena oportunidad de involucrarme en el proceso desde el principio. Al cabo de un rato nos encontrábamos la procuradora de órganos, el coordinador del programa, y yo, junto a los familiares del joven paciente PA, era un líder de su comunidad, donante voluntario de sangre, quien había recibido varios disparos por arma de fuego y su pronóstico de vida era reservado, los médicos intensivistas y neurólogos del área le habían diagnosticado *muerte cerebral* por lo que lo convertía en un potencial donador de órganos. Comenzó el trabajo respetuoso de la procuradora con todo el grupo de familiares explicándoles sobre lo que significaba ser *donante cadavérico de órganos y tejidos*. El llanto de la madre fue realmente desgarrador al saber que su hijo no tenía posibilidad de sobrevivir pero sí de ayudar a otros pacientes al consentir la donación de sus dos riñones; fueron horas de dudas, incertidumbre y sentimientos encontrados de la familia: un grupo daba su autorización, otro se negaba alegando que no entendía que significaba eso de "*trasplante de riñón*". Finalmente y respetando el sentimiento de los dolientes, la procura había fracasado por la negativa de los familiares. Con seguridad si hubiese estado en sus manos, el paciente no se hubiese negado a consentir la donación, significaba solo en la parte renal salvar 4 vidas pues se beneficiarían 2 pacientes y se liberarían 2 cupos de diálisis. Ya era de madrugada y al llegar a mi casa no dejaba de pensar en los aspectos morales, éticos y filosóficos de la donación de órganos.

Según la Organización Mundial de la Salud (OMS), se define al trasplante de órganos como una opción terapéutica que consiste en la sustitución de un órgano enfermo por uno sano obtenido de un donante, gracias a esta intervención, la persona puede mejorar su calidad de vida al recuperar su salud y reincorporarse a una vida normal. El **corazón**, los **pulmones**, el **hígado**, los **riñones** y la **piel** son algunos de los órganos que pueden trasplantarse como también tejidos tales como **médula ósea, huesos, tejido ocular.**

El tratamiento de la enfermedad renal no solo incluye las terapias de diálisis, también está el trasplante de riñón, el cual puede realizarse a partir de un donante vivo que es aquel que posee parentesco directo, familiar cercano hasta el quinto grado de consanguinidad con el enfermo, así como casos especiales debidamente autorizados; también existe el donante de cadáver como lo pudo haber sido el paciente PA.

Muchas son las historias que recordar, todas y cada una especiales, con un mensaje de enseñanza y reflexión.

Al señor EL le conocí de joven: 47 años, le dije que a causa de su presión arterial elevada, ambos riñones estaban dejando de funcionar, así que luego de dar las respectivas recomendaciones de cuidados que debía tener e insistir en la disciplina para el cumplimiento de su medicación, se fue regresando al poco tiempo para ingresar al programa de diálisis. Comprendida y aceptada esa etapa de la enfermedad y en vista de su juventud, le entusiasmé a ingresar al programa de pre trasplante. Las emociones fuertes lo dominaban y lo descompensaban con su hipertensión, lo cual se agravó con problemas cardíacos y así no podía optar a un trasplante. Pasaron un par de años hasta que surgió un donante de cadáver compatible con su grupo sanguíneo, la alegría y el nerviosismo por lo anhelado era de tal magnitud, que entrando al quirófano tuvo una complicación pulmonar y no pudo ser trasplantado, como era de esperarse el desánimo lo embargó, poco a poco fue recuperándose y luego de 6 meses de terapia psicológica para el control de sus emociones como prioridad en su manejo médico integral, se logró el equilibrio mente y cuerpo que tanto necesitaba. Finalmente el regalo divino se le presentaba por segunda vez: apareció un riñón compatible con él y antes de ingresar al quirófano, me tomó por las manos y exclamó;

-ahora si doctora, ¡ahora si estoy preparado!

Todo resultó exitoso y hoy en día es un hombre reintegrado a sus actividades laborales y además se ha convertido en todo un líder en la comunidad de pacientes trasplantados, llevando un mensaje de prevención de enfermedades renales así como de la importancia de ser donante de órganos.

La donación de órganos es un acto humanitario e incondicional, considerado como el mayor gesto de bondad que ser humano pueda tener, además de permitir el revivir del paciente que lo recibe, es una práctica médica que tiene más de 100 años de experimentación, más de 50 años de consolidación como disciplina clínica y más de 25 años de transformarse en el mejor estándar de tratamiento para muchas enfermedades de otro modo terminales; la sobrevida del paciente trasplantado ha aumentado en buena medida gracias al advenimiento de nuevas drogas que evitan el rechazo del órgano. Gracias a la constancia, dedicación, tenacidad, de todos los que participamos en el proceso de donación y trasplante, se alcanzan estos logros en beneficio de los pacientes.

La doctrina de la ética de donación de órganos fundamentada en los conceptos de *altruismo, gratuidad y voluntariedad,* me fue revelada en este caso con una pareja de hermanos que tuve que planificar: ella, una joven empresaria de la repostería y quien se realizaba tratamiento con diálisis peritoneal ambulatoria que la mantenía activa, por eso nunca abandonó su trabajo, de vez en cuando recaía por la enfermedad; en unas de esas descompensaciones se habló sobre la posibilidad de trasplante en ella e iniciamos los preparativos para incluirla en la lista de espera de donante de cadáver, un día recibí una llamada telefónica:

- Hola doctora soy el hermano de YP y quiero donarle mi riñón a mi hermana.

- ¿Estás seguro? ¿Tienes el mismo grupo sanguíneo?
- Sí, soy compatible con ella, y sé que servirá porque mi riñón es un "Ferrari"

Expresamente me solicitó no revelar su consentimiento a ser donante, secretamente se hizo todos los exámenes, la familia completa se dispuso a generar más recursos para poder costear la cirugía. Llegado el momento de definir la fecha de trasplante los cité a los 2 y cuando ella se enteró que tenía un donante y que era su hermano, la cara de alegría y felicidad fue algo que aún recuerdo con mucha satisfacción, presencié uno de los actos más sublimes de amor al prójimo al decirle su hermano a ella que le regalaba la oportunidad de seguir viviendo. Cuando él volvió a control rutinario, me dijo estas palabras:

-después de la donación me siento muy bien porque pude ayudar a que mi hermana lleve una vida normal. El proceso es de Dios y de los médicos, agregó con evidente satisfacción.

¿Usted desea ser donante voluntario de órganos? Si la respuesta es sí, pues ¡lo felicito! le aconsejo que lo primero que haga sea informar a sus familiares y les participe acerca de esta decisión, ya que ellos serán consultados y harán posible su voluntad cuando llegue el momento de donar sus órganos. Existen muchas maneras de formalizar la donación: acudiendo a organizaciones de trasplante de órganos, a nivel mundial se realizan campañas para fomentar la donación voluntaria e informar al público de que se trata, a través de las redes sociales existen numerosos enlaces que le pueden orientar al respecto.

"Casi todas las cosas buenas nacen de una actitud de aprecio por los demás"

Dalai Lama

CAPÍTULO IX

EMOCIONES RENALES

Ya hemos dicho que la energía que ingresa a nuestro cuerpo, es administrada por los riñones, se les ha relacionado con la reproducción, crecimiento y desarrollo, si su energía disminuye, se produce envejecimiento prematuro, esterilidad y dolores en los huesos, entre otras cosas.

Una de las emociones que más afecta al riñón es el miedo, es su sede, se refugia en ellos: cuando están abatidos o lesionados, la persona puede llegar a presentar temor a quererse expresar, quizás no pueda confesarse a sí mismo que está enfermo, también el miedo sostenido hace que los riñones pierdan la armonía entre si y ocasionen alteración en órganos que rige, como la vejiga, produciendo micciones involuntarias. El temor y el miedo apagan la energía de los riñones, lo cual pueden llegar a producir trastornos psicosomáticos como la pérdida de control sobre la defecación, diarrea, emisión seminal involuntaria y rendimiento sexual disminuido.

El cerebro tiene la propiedad de generar algunas reacciones de pensamiento y acción, no así el miedo que funciona de forma autónoma, la reacción tiene lugar en unos órganos ubicados en el cerebro llamados *hipotálamo, hipocampo y amígdala cerebral,* en conjunto con otras estructuras, desatan una reacción en cadena que producen cambios fisiológicos de inmediato: las pupilas se dilatan para poder captar el máximo de luz y mejorar la visión, la presión arterial y la frecuencia de los latidos del corazón aumentan por las hormonas del estrés y el sistema endocrino produce hasta 30 hormonas que ayudan a poner el sistema circulatorio a gran velocidad. Imaginen lo que afecta a nuestro cuerpo vivir con miedo constantemente, agotando nuestras energías, llega el momento que comienza a afectar a otros aparatos y sistemas entre ellos al riñón por la presencia sostenida de esa toxina emocional.

Está suficientemente demostrado que el estrés es causante de muchos signos y síntomas que afectan a nuestro cuerpo y a nuestro diario vivir y que tal vez no le ponemos atención hasta que se sobreviene una enfermedad que nos obligue a buscar ayuda: desde insomnio, colon irritable, pérdida o exceso de apetito, cambios de humor hasta aumento de la presión arterial, jaqueca tipo migraña. Por ello es importante aprender a identificar y manejar a este agresor, que sin piedad se apodera de nuestra energía y así evitar que nos bloquee.

La depresión es el resfriado común de la salud mental, es mucho más frecuente de lo que la gente supone, cualquier persona puede padecerla, no sólo aquellos con enfermedades crónicas o que están recibiendo tratamientos como quimioterapia o diálisis. El peor resultado de la depresión es que priva a la persona de su bienestar emocional por un período de semanas, meses o incluso años y que muchas veces también puede al igual que el estrés, afectarnos desde el punto de vista físico; en el caso de los pacientes renales, la depresión a veces es traicionera y arremete contra los más frágiles.

Se llamaba ML y la atendí al final de su adolescencia, cuando debutaba con falla renal severa e irreversible ameritando ingreso de emergencia a diálisis, era hija de padres divorciados, sin embargo, ellos estaban allí, apoyando a su hija en ese momento tan crucial, todo evolucionó favorablemente a pesar de la actitud indiferente de la joven paciente:

- me da igual que me hagan diálisis o no, exclamó con ese tono de tristeza.

El tiempo pasó y en esos momentos gratos que te da la profesión, me llevo la agradable sorpresa de que la mamá le había donado un riñón a su hija quien ya lucía recuperada, pero no feliz. Una tarde me llamaron de la emergencia de la clínica para avisarme que había una paciente trasplantada que pedía ser evaluada por mí, cuando llegue y vi que era ella presentí lo peor: estaba muy descompensada, tanto, que ameritó traslado inmediato a la unidad de cuidados intensivos. Interrogando a los padres sobre el por qué de esta urgencia, respondieron que la joven había abandonado el tratamiento que evitaba el rechazo de su riñón, no comía ni ingería líquidos y se comunicaba lo estrictamente necesario, signos y síntomas de una depresión severa que le costó su vida. Los pacientes trasplantados afrontan en sus fases de adaptación, desafíos importantes para asegurar su vitalidad, como la toma de medicamentos, el riesgo de infecciones oportunistas, los chequeos médicos, transformándolos en pacientes con alta complejidad y variabilidad emocional.

Afortunadamente, la ciencia médica ha hecho importantes aportes al estudio de los factores psicológicos asociados con la incidencia de enfermedades crónicas, respuesta al tratamiento, calidad de vida y el bienestar psicológico de las personas que la padecen, tomando en cuenta la otra cara de la enfermedad, hoy en día se incluye personal especializado que ayudan a aclarar dudas así como dar el debido soporte emocional, hay que reconocer cuando se está atravesando por situaciones que puedan colocar en riesgo nuestra salud integral, el equipo multidisciplinario es de vital importancia. De igual forma, los recursos como la terapia ocupacional, terapia de conversación, ejercicios aeróbicos, yoga, etc., son opciones a las que usted puede optar para equilibrar su psiquis, conectarse con su yo interno y poder lograr su mejoría física y emocional. Cultivar la espiritualidad según sea su credo religioso también ayuda en buena medida a lograr este equilibrio holístico.

Filosofía de vida: el dolor es inevitable, el sufrimiento es opcional.

Buda.

CAPÍTULO X

DE MI RIÑÓN APRENDÍ

Es un placer estar rodeada de gente que aporte conocimientos, que te enseñen, que te hagan crecer y he sido afortunada porque a través de la aventura que es la vida y de mi profesión, la nutrición intelectual, científica y humana que he recibido, me ha permitido alimentarme de hechos, lugares, vivencias que me hacen ser agradecida con el Creador.

Siempre me gustó la especialidad de Nefrología, desde la universidad sentí la fascinación de aprender sobre el riñón, sus funciones, su magia al buscar soluciones para que otros órganos no sufran en caso de complicaciones por enfermedad, ahí me di cuenta lo relacionado que está con otras especialidades, admiraba a un profesor del pre grado que explicaba con tanta facilidad conceptos como *glomérulo, pielonefritis, hematuria,* que no me perdía ninguna de sus clases magistrales.

Culminada la carrera, me dispuse a prepararme en la especialidad materna de todas: realicé mi residencia en Medicina Interna en un centro hospitalario donde la calidad humana era de lujo: desde el director del hospital hasta los camareros, una gran familia, siempre dispuestos a ayudar al enfermo y a enseñar con gran mística al residente en formación. Cuando el jefe del servicio supo mis inclinaciones hacia Nefrología, todos los casos de falla renal me los asignaban por lo que era, casi siempre, la última en culminar la jornada en la sala de hospitalización. Recuerdo que el servicio de Medicina Interna tenía una pequeña área de hemodiálisis, todo allí era reluciente, impecable, el personal de enfermería debidamente uniformados con gorros y tapabocas; los pacientes cómodamente sentados en unos sillones reclinables recibiendo su terapia. Fue ahí donde tuve mi primera entrevista con el enfermo renal crónico, habían pacientes de ambos sexos, de distintas edades, de diferentes religiones pero todos compartían el agradecimiento de poder seguir vivos gracias a la diálisis y ahí aprendí que la aceptación de circunstancias adversas que puedan presentarse en la vida, te hacen ver las cosas buenas que sí te ocurren.

Finalizada mi residencia asistencial, concursé en el post grado de Nefrología de Adultos, donde luego de varias pruebas de aptitud académicas y entrevistas, quede seleccionada y empecé en mi tan anhelada meta, estar en el Servicio de Nefrología del principal hospital de la ciudad, era todo un honor y un reto por cuanto el volumen de pacientes que ahí llegaba era muy alto por lo que no había tiempo para más nada que no fuese trabajar y estudiar. Tuve el privilegio de aprender de los mejores profesores, muchos de ellos destacados especialistas con una trayectoria académica de nivel internacional, las licenciadas de enfermería estaban siempre dispuestas ayudar y orientar, sirviendo de enlace entre el paciente y el médico, ellas muchas veces me atendieron como si fuese su hija: pendientes de que comiera, de no llegar tarde a los seminarios por estar atendiendo las consultas, con ellas aprendí que la solidaridad es una de las bases de la sociedad humana: cuidándonos unos a los otros podemos sobrevivir.

Fueron muchas las experiencias vividas y los momentos compartidos, no dejaba de sorprenderme a cada momento, sucedió en el primer trasplante renal en que participé, era de madrugada y se oye en el cuarto de aislamiento donde se encontraba el paciente, un llanto, inmediatamente me acerqué preocupada y le pregunté qué le ocurría, qué le dolía y simplemente respondió - ¡es que estoy orinando!- le entendí perfectamente, él tenía 4 años sin orinar, no pude si no llorar con él. Ser testigo de ese milagro me motivó a incluir más pacientes en la lista de espera.

No siempre fue risas y alegrías, también hubo momentos de tristezas, preocupación y decepción, en aquella época no había tanta tecnología como hoy en día y ver morir a un joven ahogado por exceso de líquidos y no poder hacer nada fue algo desalentador. Muchas veces salía de la consulta diaria algo desanimada porque los pacientes crónicos están acostumbrados a ser evaluados por un equipo determinado que ya conocen y del que se sienten muy vinculados y cuando llegas nuevo, te miran con cierta suspicacia, con el transcurrir de los meses me fui ganando su confianza y eran fieles pacientes a mis indicaciones médicas.

En el ejercicio de la Medicina, no se da tregua en su vocación servidora en favor de la población y que hoy, al igual o más que ayer, se continúan convirtiendo en realidades, cosas que parecían sueños o imposibles.

"No formamos a los mejores del mundo, sino que formamos a los mejores para el mundo", son las palabras del Padre Adolfo Nicolás, Superior General de la Compañía de Jesús, el cual resume, sin lugar a dudas, el propósito de la enseñanza javeriana, así ha sido el legado de todos mis profesores y maestros que han contribuido a mi formación como médico. Todos los logros alcanzados en esta profesión me han servido

de estímulo para seguir mejorando en el trabajo, superar las deficiencias y enfrentar con optimismo las tareas actuales y futuras, también incluye la enorme responsabilidad de honrarlo siempre con una actitud consecuente, así como con esfuerzos y resultados mayores, ya sea en el marco estrecho del centro de trabajo o en las diversas actividades extracurriculares. Entraña así mismo, continuar forjando en nosotros las mejores cualidades y virtudes de nuestra profesión.

Cuando miro por el retrovisor de mi carrera profesional, digo con toda seguridad que mis experiencias han sido muy enriquecedoras y me han permitido ayudar al más necesitado por medio del conocimiento adquirido, sin nunca olvidar que los que ejercemos esta profesión, solo somos un instrumento de Dios, y si acaso algo tuviese que pedir, sería seguir aprendiendo de mi riñón.

GLOSARIO

Amígdala cerebral: es un conjunto de núcleos de neuronas localizadas en la profundidad de los lóbulos temporales de los vertebrados complejos, incluidos los humanos. La amígdala forma parte del sistema límbico, y su papel principal es el procesamiento y almacenamiento de reacciones emocionales.

Anemia: disminución por debajo de las cifras normales, de la concentración de hemoglobina o del número de eritrocitos de manera absoluta.

Cálculo: Litiasis. Concreción anormal que se forma en la vejiga de la orina y también en la de la bilis, en los riñones y en las glándulas salivales, y cuya expulsión ocasiona accesos de cólicos nefríticos o hepáticos.

Catéter: tubo o conducto largo y fino, fabricado de distintos materiales y que se usa para ser introducido por un conducto natural como por ejemplo la uretra o los vasos sanguíneos con el objetivo de poder explorar el interior del canal o bien para inyectar o extraer un líquido.

Cistitis: inflamación de la mucosa de la vejiga urinaria.

Consentimiento: manifestación de voluntad, expresa o tácita, por la cual un sujeto se vincula jurídicamente.

Creatinina: producto del metabolismo muscular, cuyos niveles elevados en la sangre, indican generalmente trastornos renales.

Diálisis: tratamiento médico que consiste en eliminar artificialmente las sustancias nocivas o tóxicas de la sangre, especialmente las que quedan retenidas a causa de una insuficiencia renal.

Donación: cosa que se da a una persona de forma voluntaria y sin esperar premio ni recompensa alguna, especialmente cuando se trata de algo de valor.

Donante: persona que voluntariamente cede un órgano,

sangre, etc., destinados a personas que lo necesitan.

Edema: presencia de un exceso de líquido en algún órgano o tejido del cuerpo que, en ocasiones, puede ofrecer el aspecto de una hinchazón blanda.

Endocrino: perteneciente o relativo a las glándulas endocrinas o a los productos que segregan.

Fístula Arterio-venosa: conexión anormal entre una arteria y una vena.

Gastritis: inflamación de la mucosa gástrica, que es la capa de células que reviste el estómago por dentro protegiéndolo de la acidez de los jugos gástricos.

Glomérulo: unidad anatómica funcional del riñón, donde tienen lugar la depuración y la filtración del plasma sanguíneo.

Hematuria: presencia de sangre en la orina.

Hidropesía: acumulación anormal de líquido en alguna cavidad o tejido del organismo.

Hipocampo: estructura localizada en el cerebro y que se relaciona con el sistema límbico y la formación de la memoria.

Hipotálamo: estructura nerviosa del cerebro localizada por debajo del tálamo, controla la temperatura del cuerpo, el hambre y la sed.

Jaqueca: dolor fuerte de cabeza que afecta, generalmente, a un lado o una parte de ella y a menudo va acompañado de náuseas y vómitos.

Nefrología: rama de la medicina que se ocupa de la anatomía, la fisiología y las enfermedades del riñón.

Peritoneo: membrana que recubre la superficie interior del abdomen y forma varios pliegues que envuelven las vísceras.

Pielonefritis: inflamación de los riñones por infección bacteriana.

Procura: intentar conseguir algo.

Proteinuria: presencia de proteínas en la orina en una cantidad superior a la normal.

Reflujo: flujo en sentido contrario al fisiológico, del contenido de un conducto u órgano.

Trasplante: transferencia de un tejido u órgano desde una parte a otra de un mismo organismo (autotrasplante), de un organismo a otro de la misma especie (homotrasplante)

Urea: sustancia orgánica tóxica, resultante de la degradación de sustancias nitrogenadas en el organismo de muchas especies de mamíferos, que se expulsa a través de la orina y del sudor.

Vasopresina: hormona del lóbulo posterior de la hipófisis, que aumenta la tonicidad de los vasos, produciendo una elevación de la presión arterial y disminuye el volumen de la orina.

CONTENIDO

CAPÍTULO I: Doctora no sé qué tengo....15

CAPÍTULO II: Honestidad..........................25

CAPÍTULO III: 7 pecados capitales...........33

CAPÍTULO IV: Cambiaron tantas cosas...51

CAPÍTULO V: ¿Por qué a mí?...............59

CAPÍTULO VI: En las buenas y en las malas...69

CAPÍTULO VII: Franqueza cruel...............75

CAPÍTULO VIII: Regalo divino..................85

CAPÍTULO IX: Emociones renales............99

CAPÍTULO X: De mi riñón aprendí..........109

GLOSARIO...119

Se terminó de editar en los

Estados Unidos de América en Mayo 2018

98734452R00075

Made in the USA
Columbia, SC
05 July 2018